働きがいをすべての人に

農福連携を

見る 知る 学ぶ

事例集

目次

農文協

農福連携の時代がやってきた

全国各地に広がる農福連携

農福連携とは、障がい者や高齢者をはじめ社会的に生きづらさを抱えている多様な人々が農業分野で活躍することを通じ、自信や生きがいを持って社会参画を実現していく取組です。

また生きがいづくりの場を生み出すだけでなく、担い手不足や高齢化が進む農業分野において、新たな働き手の確保につながります。

さらには農福連携は、農業分野に新たな視点やアイデアを取り入れることで、地域活性化にも貢献する可能性を秘めています。

現在、全国各地で農福連携の取組は着実に進展しています。農福連携等推進会議が令和元年にまとめた「農福連携推進ビジョン」の中で「令和元年から令和6年度末までの５年間で3000件の取組主体を増やす」ことが目標として掲げられています。この目標を達成するには、令和6年度末までに7,117件の取組主体が必要となりますが、令和4年度末の状況からすると実現性の高い目標と考えられます。

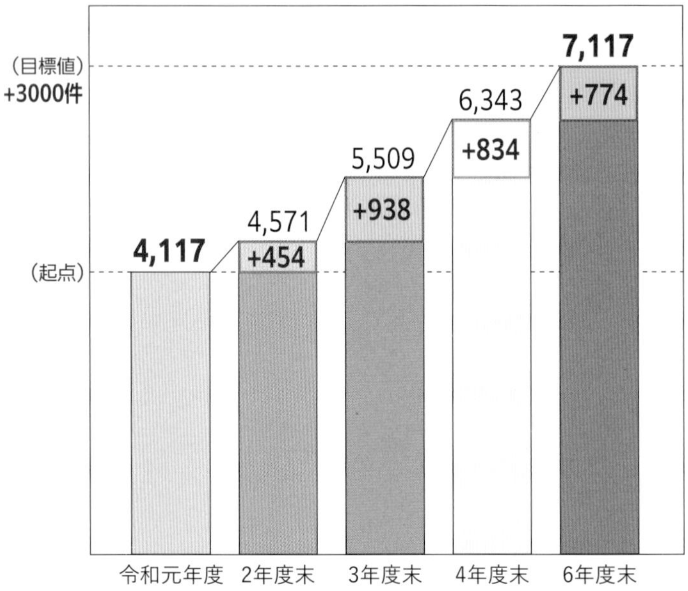

図1　農福連携の取組主体数について　（農林水産省資料より作成）

農業経営の改善・拡大につながる

農家が農福連携に取り組むメリットのひとつは労働力の確保です。たとえば、除草や播種・植え付け、収穫、袋詰めなど、単純な作業の繰り返しが多い部分を担ってもらうことで、農家は自らの経験や技術を必要とする作業や農業経営により多くの時間を割くことができます。その結果、より細やかな栽培管理や新たな農業技術の導入をしたり、経営規模を拡大したりして、収量増大や品質向上、収入増加につなげていくことも可能となります。

ほかにも、障がい者の受け入れ体制を整える過程で作業効率や職場の動線、組織体制などの問題点が改善されたり、同じ地域の中で福祉の関係者との交流が生まれたりすることもあります。

障がい者にも、周りにもよい影響を与える

一方、障がい者側にとっても屋外で体を動かして働いたり、自然に触れ合いながら働いたりすることで働く楽しさを味わうことができ、心身へのよい影響も期待できます。また、既存の従業員とも相互に助け合いながらひとつの作業を分担して行うことで絆も深まり、仕事場の雰囲気もよくなるなど、その「相乗効果」を実感しているという農家の声も多く聞きます。

このように農福連携は障がい者にも、周りにもよい影響を与える取組でもあるのです。

広げよう！　農福連携の輪

農家として農福連携に取り組むためには、どのような手順や方法で行えばよいのでしょうか。

農福連携に取り組もうとする場合、まずはお住まいの市町村の福祉か農業関係の行政窓口に相談してみましょう。また、農福連携に積極的なJAやNPO、障害者就業・生活支援センター、すでに農福連携に取り組んでいる農家に声をかけたり、地域の障害福祉サービス事業所に直接相談を持ち込んだり、ハローワークに相談して求人を出したりする方法もあります。

なお、障がい者が安心して働くことのできる仕事場の環境を整備するにあたって、以下の助成制度が利用できます。関係機関に相談して積極的に活用しましょう。

障がい者就労関係事業所

事業所名	業務内容
就労移行支援事業所	一般企業で就労可能と見込まれている人に、事業所内での作業や企業の実習、適性に合った職場探しなどの支援を行います。利用期間は原則２年間。
就労継続支援Ａ型事業所	障がいのある人と雇用契約を結び、働く機会を提供するとともに、就労に必要な知識やスキルの訓練などもサポートします。利用期間の制限はありません。
就労継続支援Ｂ型事業所	雇用契約を結んで働くことが困難な人に、軽作業などの就労訓練を提供する事業所。工賃を得ながら自分のペースで働くことが可能。利用期間の制限はありません。
就労定着支援事業所	一般就労へ移行した障がい者が長く働けるよう、企業などと連絡調整しながら、雇用に伴う生活の問題に関する相談などのサポート業務を行います。利用期間は最大3年間。

障がい者雇用に関する相談窓口

事業所名	業務内容
障害者就業・生活支援センター	障がい者の職業生活における自立を図るため、雇用、保健、福祉、教育等の関係機関と連携し、障がい者の身近な地域で就業・生活面における一体的な支援を行い、障がい者の雇用の促進・安定を図ります。全国各地に設置され、社会福祉法人などが委託を受けて運営しています。
ハローワーク	事業主に積極的に障がい者を雇用してもらえるように、職域開拓や雇用管理、職場環境整備等について相談業務を行うほか、障害者トライアル雇用、職場適応援助者による支援、職場適応訓練、障がい者の態様に応じた多様な委託訓練、各種助成金の案内も行います。

障がい者雇用に関する助成金制度

雇用した場合	• 特定求職者雇用開発助成金 • トライアル雇用助成金
施設等の整備や適切な雇用管理の措置を行った場合	• 障害者雇用納付金制度に基づく助成金
職業能力開発をした場合	• 人材開発支援助成金（障害者職業能力開発コース）
職場定着の措置を実施した場合	• キャリアアップ助成金

（上記表は「農業分野における障害者就労マニュアル」農林水産省より作成）

農福連携を成功させるポイント

1　障がいの特性を知る

まずは個々の障がいの特性をよく理解し、それぞれの能力やペースに合わせた仕事内容や環境を整備しましょう。また、労働時間や仕事量に関しても個人差を考え、柔軟に対応する必要があります。

障がい者が持てる能力を発揮し、長く働き続けることができるようにするためには、さまざまな配慮と工夫が必要となります。事前に関連する研修を受けたり、関係機関に相談したりして、まずは障がい特性に関する知識を深めることが重要です。農林水産省や厚生労働省、県の関係機関などのホームページ上にも、障がい者雇用に役立つ情報がたくさん掲載されていますので、積極的に活用しましょう。

2　みんなが働きやすい環境に

農家には歩き慣れた畑でも、障がいのある方には小さな段差や小さな水路などが事故の元になることもあります。事故がないように、働く場所の作業環境を点検し、バリアフリー化を進め、安全に働くことができるように整備しましょう。

それとともに道具を使いやすく整理整頓したり、通路の邪魔なものを片付けて安全な動線を確保したりすることことも重要です。結果的に働くすべての人にとっても安全で働きやすい環境づくりにつながります。

3　作業を「細分化」し、できることを増やす

イチゴの作業を例にとると、収穫は「実を摘み取る」「トレイに並べる」「トレイを積み重ねる」に、仕分けは「選別する」「計量する」「箱に詰める」に分解できます。これにより、担える作業が増え、多くの作業に参加しやすくなります。また、このように作業を分解することで、作業の無駄や危険な点を発見することもあり、農家としても生産性の向上につながることがあります。

4　作業内容の判断基準を「見える化」しておく

たとえばどのイチゴの実を収穫し、どのように選別したらよいかを判断する際に、色味や仕分け時の大きさ、重さの範囲など、あいまいな基準は色見本や写真、スケールなどを用意して「見える化」します。そうすることで障がい者だけでなく、働くすべての人の判断が正確で素早くなり、生産効率も向上するでしょう。さらに、張り紙やホワイトボードに注意事項や職場でのルールを書き出し、全員が見える場所に掲示しておくのも効果的です。

5　障がい者の安全を確保する

農作業をサポートしてくれる農業機械や農具の使用にあたっては、障がい者にも扱いやすく、安全性の高い機械や器具を導入したり、安全に操作するための方法を丁寧に指導したりすることが必要です。また、障がい者自身が危険を察知できるよう、ほ場や周囲の環境の整備にも配慮しましょう。

万が一の事故に備え、緊急時の対応方法を明確にするとともに、労災保険に加入することも必要です（就労継続支援事業所を通して契約している場合は事業所が労災保険に加入しています）。

障がいの種類

身体障がい	先天的・後天的に視覚障がいや聴覚・平衡機能障がい、音声・言語・そしゃく機能障がい、肢体不自由、内部障がい（内臓機能など）などがあります。
知的障がい	記憶や知覚、判断など知的機能の発達に遅れが見られ、社会生活への適応が困難です。仕事の手順をすぐ覚えたり、人とのやりとりに素早く対応したりするのが難しい場合があります。
精神障がい	何らかの脳の器質的変化や機能的障がいが起こり、さまざまな精神症状や身体症状、行動の変化が見られます。統合失調症、うつ病などの気分障がい、依存症などがあります。
発達障がい	生まれつきの脳機能の発達の偏りにより、対人関係に問題を抱えたり、落ち着きがなかったりと、人によって様々な生きにくさがあります。注意欠陥・多動性障がい、学習障がい、吃音（症）などがあります。

（資料：「これから始める農福連携ガイドブック」長野県より作成）

障がい特性別に配慮を必要とする項目例

種　類	特　性	配慮を必要とする項目
身体障がい	移動や作業動作に制限がある	・車いす用スロープや昇降機を設置する。 ・作業台の高さを調整するなど、座位で作業できる環境を整える。 ・荷物の運搬など、必要な場合はサポートする。
	感覚機能に障がいがある	・視覚障がい者には、点字や音声読み上げソフトなどを活用する。 ・聴覚障がい者には、筆談や手話通訳などを活用する。
知的障がい	理解や判断が苦手	・作業手順をわかりやすく説明し、必要に応じてサポートする。 ・視覚的な支援ツールを活用する。
	コミュニケーションが苦手	・ゆっくり、わかりやすく話す。 ・ジェスチャーや表情を活用する。 ・必要に応じてコミュニケーションボードなども活用する。
精神障がい	ストレスが苦手	・騒音や人混みを避けた、静かな作業環境を提供する。 ・休憩時間や場所を確保する。 ・メンタルヘルスに関する相談に乗る。
	体調の変化が著しい	・体調管理に配慮し、無理のないペースで働ける環境を提供する。 ・必要に応じて休職や時間短縮などの配慮を行う。

（資料：「農業における障害者就労支援のためのガイドブック」農林水産省、「障害者雇用促進法に基づく合理的配慮指針」厚生労働省より作成）

ブドウの作業
事業所チームが力を発揮
する仕事の頼み方

横山知子

せん定中の筆者

安価な労働力と考えていた

大学進学で千葉から長野にやってきて、そのまま移住する形になりました。結婚後、小布施に家を建てて3年目に夫が過労で倒れたのを機に、私が新規就農者支援制度を利用して農家になりました。今では夫も回復し、一緒に畑に立っています。ブドウ専作で、80aの畑はすべて露地栽培です。JA出荷が主で、ふるさと納税の返礼品としての出荷やネット販売もしています。

就農するにあたり、何か付加価値をつけたいと思っていました。税金を使った補助金を利用して農家になるのだから何か社会の役に立つことをしたいと思っていたところ、イベントで偶然出会った人から勧められたのが農福連携です。農繁期の安価な労働力になるという計算もありました。

「私バカだからわかんないの」

利用者3人＋職員1人で、合わせて時給1350円の業務委託契約を結びました。9月の収穫時に、ブドウの傘を再利用するために汚れを拭いてもらう作業からお願いしましたが、思ったより仕事が遅くはかどりませんでした。

ある時、粗せん定の際に棚上と地面にある枝を集めて運ぶ作業をお願いしたところ、知的障がいのある利用者から「私バカだからわかんないの。ごめん」と言われました。知的障がいで生まれたその人は何も悪くありません。複数の指示を同時に出した私が悪かったのに、その人は「バカだから」と何度も謝りました。きっと今までに何度も「障がいゆえに難しいこと」を指示され、できずに怒られてきたのでしょう。そのたびに「バカだから」と謝ってその場をやり過ごしてきたのでしょう。知的障がいで生まれたその人の今までを想うと、涙が出てきました。

「精一杯頑張ればそれでいい」というのはビジネスでは綺麗事です。どんなに頑張っても健常者の半分も仕事ができない人に、健常者の半分以上のお金を払うのはナンセンスです。でも私は、その人にできる仕事量よりも精一杯の頑張りに対してお金を払いたい。そういう綺麗事を、私の畑でやりたいと思いました。「農繁期の安価な労働力」という考えは、この時捨てました。

できないことを許容する

とはいえ、障がいゆえにできない仕事を頼むのは、お金の無駄です。仕事の効率を上げるため事業所の職員と障がいのある利用者の名前を覚えることから始めました。じつは私は記憶力が悪く、みんなの前で何度も名前を聞きました。その時必ず「私も苦手なことがある。皆さんも苦手なことがある。それが当たり前なんだ」と伝えました。そして「〇〇さんは××が苦手。◎◎ができる」という情報を少しずつ増やしていきました。「私はこの作業ができない」とみんなの前でオープンにできる雰囲気が大切だと思います。今では作業前に「今日はA、B、Cの作業があります。Aの作業ができる人」と聞いて、それぞれができる作業をしてもらっています。

作業中も様子を見て、その人には難しそうだったら作業を分解します。これ以上分解できずほかの作業もないときは、作業が遅くてもそのままやってもらいます。

障がいは人それぞれ重さが違います。事業所は利用者のバランスを考えてチームを組んでくるので、時給450円の人が3人で1350円になるのではなく、時給600円の人もいれば300円の人もいます。時給300円の人に「遅い！」と怒鳴っても仕事は早

除草前

株元の敷きワラの中とワラの周囲10cmの草取りを頼んだ

除草後

くなりません。むしろ、時給600円の人が萎縮して能率が落ちます。逆に「この作業大変ですね。だけど、今日はどうしてもやってほしいのでよろしくお願いします」と声がけすると「大丈夫だよ、俺がその分頑張るから」と声が上がり、全体の仕事がはかどります。

利用者は普段、感謝を伝えることは多くても伝えられることは少ないのではないでしょうか。障がいがあってもなくても誰かに必要とされたいという思いは同じです。声がけを通して、あなたの存在には価値があると伝えるようにしています。お金以外の報酬を払っていると言えるかもしれません。

「できないことを許容する」ことが、農福連携の一番のポイントだと思います。そして声がけ、作業の分解、道具の準備により効率を上げることができます。

農家が障がいについて学ぶ姿勢が必要

障がいのある体で生まれた人、病気などで障がいを負った人には、障がい年金が支給されます。しかし十分な額ではありません。障がいゆえに必要な日用品も多くありますし、法事などの付き合いにもお金が必要です。「その分は自分で稼いで」というのが年金の趣旨だと思いますが、障がいに合わせて働ける場は少ないのが現状です。私も初めは「農繁期の安価な労働力」として農福連携を始めましたが、今は「障がいのある人の生活をより豊かにするために」「障がいのない人が障がいのある人を支えるために」農福連携をしています。

想像を絶するような虐待を受けて精神疾患になった人が、ハサミにトラウマを持っていたとします。その人にハサミを使う仕事をやらせれば、翌日自殺するかもしれません。精神疾患は「我慢すれば治る」などという生易しいものではありませんし、知的障がいは「努力すればできるようになる」という甘いものではありません。「今できること」に最大限注目し、農家が障がいについて学び、その人ができる仕事を探し続けていく姿勢が必要です。

ブドウのネット販売でも農福連携をＰＲしています。お客様からは「おいしいブドウを食べることで人の役に立てるのが嬉しい」とお声をいただきます。いつか障がい者雇用が当たり前になり、障がいのある人と一緒につくったブドウであることがＰＲにならなくなる日を夢見ています。

（『現代農業』2022年9月号〈農文協〉より抜粋）

秋田県の事例

「障がい者のための工夫」が健常者の作業スピードをアップ！

佐藤千穂

遮光ネットを張る「サポつく」の利用者（障がい者）たち。最近は私がやるよりうまい

人との縁で始まった農福連携

農福連携をやりたいと思ったのは今から7～8年前です。当時はトルコギキョウをまだ私1人で栽培していて、人を雇った経験もなく、障がいのある人がどこにいるのかすら知りませんでした。

ある時、友人に誘われて「秋田県次世代農業経営者ビジネス塾」(以下ビジネス塾）に参加してみることになりました。作物の栽培方法ではなく経営方法を教えてくれる塾です。

そこで講師の先生に「じつは障がい者や不登校の人と農業を組み合わせてみたいと思ってる」と打ち明けてみたところ、「それは農福連携というものらしい」と教えてくれ、他の先生方も一緒になって相談に乗ってくれました。

それでもまだ遠い夢だと思っていたのですが、大潟つくし苑（後に「サポートつくし（サポつく)」が分苑）の農業実習を見学して、利用者の能力の高さに「これはいける！」と衝撃を受けました。そこからさまざまな縁がつながり、今日まで一気に走ってきたという感じです。

農福連携に興味があっても、きっかけがない農家も多いと思います。まずは農福連携セミナーなどに行ってみるのがおすすめです。やってみたいと、いろんな人に声をかけておくのが大切です。また、まずは草取りを2～3回頼んでみるなど、小さく始めるのがいいと思います。お給料は一般的に、福祉施設と相談して決めます。

ビジネス塾の先生方には今もアドバイスをもらっています。塾の中で農福連携に携わる人が集まって「のうふくラボ」という会もできました。悩みながらも前に進む仲間の姿に、いつも勇気をもらっています。

JAの職員も熱心で、栽培技術面で支えてくれるし、1円でも高く売ろうと努力してくれます。トルコギキョウとカボチャの生産者組合にも入っていろいろ教わっています。農福連携は、応援してくれる人がいっぱいいるんです。

作業の「細分化」と「見える化」

ただし、障がいのある方に仕事を頼むには少しコツがあります。作業の「細分化」と「見える化」です。

「細分化」を料理で例えると、冷蔵庫から食材を運ぶ、洗う、皮をむく、切る、煮込む、味付けなど、本来は1人でやる一連の作業を、小さい単位に分ける方法。一つ一つを単純化して分業するわけです。

そうすると、包丁が使える人には皮をむいてもらう、包丁は使えないけど洗える人には洗ってもらう。それぞれの作業に集中してもらい、もっとできる人はより難しいことにチャレンジしてもらうことができます。

サポつくの職員も「この作業なら○○さんもできるから連れていこう」と人選しやすくなり、障がい者の方も無理なく仕事に参加できるようになります。

たとえばカボチャの定植作業では、ポット苗に水をやる係と、かん水したポットを一輪車で運ぶ係、その苗を植え付ける係がいます。それぞれの作業に集中してもらうことで、仕事の効率が上がり、ミスも減らせます。

もうひとつが、作業の「見える化」です。たとえばカボチャのつるを、通路確保のためUターンさせる場合、「このあたりで適当に回して」というと、みんな手が止まってしまいます。そこで目印のロープを張って、つるを回す位置が誰でも一目見ればわかるようにしています。

また、そのロープは1列終わるたびに隣の列に移動させますが、株元から何mといちいち巻き尺で測らなくていいように、その長さの棒を用意しています。これで、誰でもロープを正しく移動、設置できるようになります。

作業を「細分化」「見える化」すると、たとえば初めて来た人でも、一目見れば仕事内容がわかり、安心して働けるようになります。どれも障がい者の方

作業の細分化

カボチャの定植。手前2人がかん水、奥の1人が苗を運ぶ係。畑には植える係がいる

トルコギキョウの定植。左はマルチに穴をあける係、右は植える係

たちのために考えたんですが、結果的に私やママ友も仕事がやりやすくなり、みんなの作業スピードが格段にアップしました。

ホワイトボードに
ほ場の地図と今日の作業

「見える化」でいえば、全体の作業の状況が全員にわかるような工夫もしています。作業場にホワイトボードを置き、ほ場の見取り図と進捗状況を書き込み、それを見れば私がいなくても今日やる作業がわかるようにしました。書ききれないことはグループLINEで共有します。

以前は作業する畑を間違えてしまう人もいましたが、ホワイトボードで場所を確認しながら打ち合わせるので、今はほぼなくなりました。せっかく来てくれたママ友が、私と入れ違いになってしまい、作業内容がわからなくて帰ってしまうということもよくありましたが、そんなこともなくなりました。

また、仕事の全体像が共有できるので、「サポつく」もママ友も自分でどんどん動いてくれるようになりました。仕事内容を私1人が把握してみんなが私の指示を待つ形から、それぞれが考えて動くスタイルになったのです。おかげで私の負担はかなり軽くなりました。農福連携に挑戦しなかったら、こうはならなかったと思います。

今や、私がいなくてもすべてをみんなに任せられます。去年もトルコギキョウの出荷シーズンに、家族の急病で私が秋田を長期間離れたのですが、みんなで力を合わせて残りをすべて出荷してくれました。昔なら諦めるところでした。

トルコは出荷基準が特に厳しく、選別を間違えると信用を失ってしまいます。しかしうちのみんなは私以上に厳しい目で選別してくれるので、信頼して任せられます。

作業の見える化

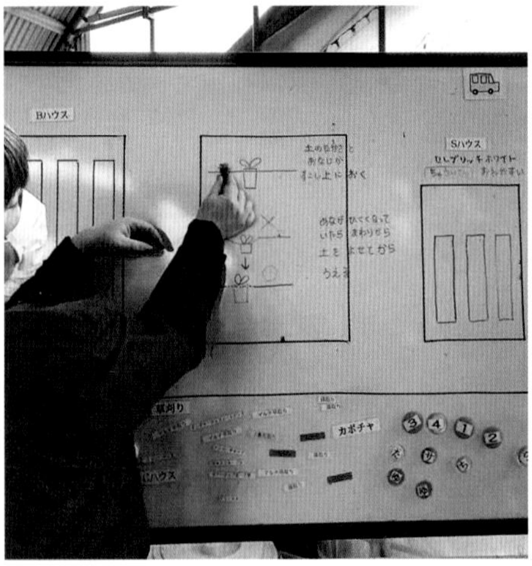

ホワイトボードに絵を描いて、トルコギキョウの植え付け方を説明

最近の課題

最近の課題といえば「仕事不足」です。みんなの作業がどんどん速くなり、労働力に対して仕事量が足りなくなってきたのです。人手不足で困っている今の時代に、人はいるけど仕事量が足りないなんて、ありがたい悩みですよね。現在、2年後にはカボチャをさらに120a増やす予定で、新作物の葉ボタンなども試作中。トルコギキョウのプリザーブドフラワーにも挑戦したいと考えています。

今はみんなの成長に負けないように、その溢れるパワーを無駄にしないように、次の戦略を立てるのが自分の仕事だと思っています。みんなが来てくれるから、私は頑張れる。これ本心です。農福連携、楽しいですよ！

（『現代農業』2022年5月号〈農文協〉より抜粋）

事業所6カ所に作業委託して、エダマメの出荷量が5倍になった

笠間令子

従業員と就労支援B型事業所の方でサツマイモを定植した

農家の嫁になっても作業療法士の仕事がしたかった

私、笠間令子は金沢市内の病院で作業療法士として勤務していたときに、石川県内灘《うちなだ》町の専業農家と結婚しました。この仕事が大好きでしたが、農家の嫁として子育てしながら外で正社員として働くことが難しくなり、10年ほど前に退職して農園を手伝うことになりました。農作業は嫌いではないものの没頭できず、子育てが落ち着いたら病院勤務に戻りたいと思っていました。

2017年、私の知人が、農業の仕事を探して断られ続けていた金沢市のある就労支援B型事業所の職員に、「笠間農園の奥さんは作業療法士だったから、受け入れてくれるかもしれないよ」と話したことで、その方が訪ねて来られました。

農園の社長である夫は障がい者と関わったことがなく、どんな仕事ができるのか、どのように接すればよいのかわからず、不安なようすでした。でも私は、神様からのプレゼントが届いたと思うくらいに嬉しく、「やりたい!!」と即答。夫を説得しました。

農作業がリハビリになる!?

私がどうしても受け入れたかった理由があります。作業療法士の仕事をしながら農園を手伝い始めたころ、リハビリをしていた高齢の患者さんと同じ年代の従業員が、畑で生き生きと働く姿を見て、農作業がリハビリになっていると思ったのです。

また、退職時に交通事故で軽い麻痺と高次脳機能障がいが残った中学生を外来で担当していたのですが、あるときその子のお母さんに「農家と結婚します」と伝えると、「あ！　この子、農業だったら障がいがあってもなんとか働けるかもしれない。もしかすると将来、お願いしますね」と言われたことをずっと覚えていました。私が病院をやめる際に、彼からもらったヒツジのクッションはいつもベッドに置いてあり、「どこの高校に行ったかなぁ」「どんなところに就職したのかなぁ」と、ときどき思い出していました。その少年を最後まで担当することができず悔しかったので、この機会をいただいて、自分の使命をまっとうしたいと思ったのです。

農作業を滞らせることなく今まで通り仕事を回すことを夫と約束し、農福連携を開始。事業所のスタッフさんや利用者さんたちの努力のおかげで、半年たつころには「障がい者も農業で活躍できる」と夫も確信。作業の種類や量を増やしました。今年で6年目になります。

グループでできる仕事量で作業を調整

当農園では6カ所の就労支援施設に施設外就労で活躍していただいています。周年で委託している事業所が3カ所、あとは夏のエダマメの調製作業などの繁忙期に来ていただいている事業所が3カ所あります。最初の事業所以外、すべて私からスカウトに行きました。事業所によって一度に来る人数や就労時間が異なりますが、だいたいスタッフさん1人に対し2～7人の利用者さんで、1日に2～4.5時間仕事をお願いしています。

施設外就労の農福連携は、手作業で人手がたくさん必要な仕事が向いています。特に、事業所はチームで働くため、グループでできる作業が向いています。仕事量はグループの人数で調整します。

農作業にはトラクタの操作や播種など1人でやる作業がありますが、それは当農園の従業員が行います。また、葉物やエダマメの収穫は早朝6時からですが、この時間帯は作業をお願いしません。事

業所が対応できる９時過ぎから15時までの時間帯に、グループでできる作業を委託しています。

工賃は農園の従業員から算出

お支払いする工賃は出来高払いです。なぜなら、利用者さん１人１人の能力の差が大きく、目的も違うからです。たとえば、コマツナの収穫では１時間に７ケース収穫できる方もいれば、半分の方もいます。従業員が１時間に３ケースでは許されませんが、施設外就労の場合はそれもよいのです。グループみんなでその日何ケースできたかなのです。それでも、従業員２～３人分の仕事はしてもらいたいので、１日最低30ケースは収穫してほしいと伝えてあります。

単価は、従業員が１時間でできる作業量をもとに決めます。時給1000円の従業員が１時間に10ケース収穫できるなら、ケースあたり100円となります。これをもとに、グループでの出来高を事業所にお支払いします。

細分化してグループ内で作業を分担

障がい者も活躍できるために工夫していることがあります。それが結果的に、障がい者だけでなく高齢者や女性の従業員にも役立っています。

１つは、農家がふだん意識せずに行なっている農作業を細分化することです。たとえばコマツナの出荷作業は、(1) 収穫、(2) 下葉の処理、(3) 計量、(4) 袋詰め、(5) 段ボール詰め、の５工程があります。ある農家の方は (1) ～ (5) を同じ場所で１人ですべて行ないます。とても効率がよい半面、個人の能力も体力も必要です。そこで、笠間農園では「(1)」と「(2) ～ (5)」の二つの作業に分けました。事業所に後者をお願いするときは、さらに「(2)」「(3) と (4)」「(5)」の３工程に分けます。障がい者は一つの工程なら無理なくできるし、一つの作業をし続けるほうが得意な方が多いです。それぞれの工程を組み合わせてグループで一連の作業を完成させるやり方が向いています。このように作業を分解することで、屈む作業が難しい女性や高齢の従業員も以前より働きやすくなったと喜んでいます。

事業所のスタッフの意見を参考に工夫

利用者の方がわかりやすいように視覚的な情報を提供することも意識しています。野菜の大きさや汚れなどの規格外品の判別は、基準が曖昧で言葉で表わしにくいことがよくあります。そんなときは、視覚的な情報として実物を用意して伝えることが有効です。

農作業の姿勢も大切です。葉物を屈んで収穫するときなどに、以前はお風呂マットを膝あてに使っていましたが、足に固定するタイプの膝パッドに替えたことで無理のない姿勢で収穫できるようになりました。体への負担が減ったことで、作業効率も上がりました。コマツナを綺麗にコンテナに入れることが苦手な方には、事業所スタッフの提案でコンテナ内を二つに仕切れる道具を渡し、上手にできるようになった例もあります。

事業所のスタッフからの提案で、コンテナを仕切る道具を導入。空間を小さくしたことで、コマツナの向きを迷わなくなり、きれいに入れられるようになった

事業所６カ所に作業委託して、エダマメの出荷量が５倍になった

栽培面積が拡大できた

石川県内灘町でハウス58棟（1.7ha）と5haの露地畑でコマツナやホウレンソウ、エダマメ、ニンジンなどを栽培しています。以前、作業療法士として働いていたことがきっかけで事業所から声をかけられ、農福連携を始めました。先月号で紹介した通り、作業を細分化したり、作業を説明する際は実物を用意して視覚的にわかりやすくすることで、みんなが十二分に活躍できるような仕事づくりをしています。

今回は農福連携でわかった効果について紹介したいと思います。2017年にスタートしてから経営面では大きな効果がありました。最初は1カ所の事業所と連携し、コマツナの収穫作業を委託して、1年間で合計40万円の請負報酬を支払いました。請負報酬とは農家が事業所へ支払うお金です。事業所はこれを原資に障がい者の方へ賃金を支払います。スタートしてから半年ほどたって手ごたえを感じたため、翌年から委託する作業の種類や量を増やしていき、5年目の2022年は6カ所の事業所と連携して周年栽培のコマツナの収穫出荷作業を中心に、年間を通してさまざまな作業を委託。通常は1日当たり10～15人、7～8月の繁忙期は約60人の障がい者の方に作業してもらい、合計330万円の請負報酬を支払いました。

農園にとって人件費としての支出になりますが、繁忙期にたくさんの人手が確保できることで、手間のかかるエダマメやタマネギ苗などの生産量を増やすことができました。エダマメの出荷量は作業委託前の2.5tと比較して約5倍の14.1tに、タマネギ苗の面積は4.8aから19.2aと約４倍に増えました。今では加工部門の拡大も図っていて、コマツナのマフィン製造も事業所に委託しています。

農作業で障がい者が健康になる

私が農園を手伝うようになってすぐ、生き生きと働く高齢者を見て農作業はリハビリだと思いました。それから数年たち、農福連携で障がい者の方が農園に来るようになり、利用者から「農園に来た日は、入眠剤がなくても眠れる」「健康的に痩せられて、健康診断の結果がよくなった」などの声をよく聞きました。そこで、金沢医科大学や北陸農政局と一緒に農福連携の効果について共同研究や実証事業を行ないました。

笠間農園で作業している障がい者を対象に、農作業日や施設内就労日、休日の活動量や睡眠時間を測定し、身体面や精神面の影響を調査しました。身体面では、生活習慣病予防に効果的な活動量を比較したところ、休日や施設内就労の日と比べ、農作業した日は特￥に活動量が多く、生活習慣病の予防効果が高い結果が出ました。

精神面では、精神状態と密接な関わりを持つ睡眠に着目し、定量的に測定して分析しました。利用者からの声の通り、農作業を行なった日は中途覚醒する時間が減り、障がい者の睡眠の質が改善したことが示唆されました。

また、障がい者は健常者より環境の変化に左右されやすく、作業効率の変動が激しいことがあります。しかし、障がい者と健常者で１時間当たりにホウレンソウを袋詰めできる数を比較したところ、袋の数に差はありましたが作業効率はともに伸びることがわかりました。

目指すは地域のための「ケアファーム」

農福連携を始めてさまざまな研修を受ける中で、オランダが社会福祉の先進国であり、「ケアファーム」という取り組みが盛んなことを知りました。これは、高齢者や障がい者、精神疾患を持つ患者が農作業を通して治療を行なう活動です。私たちの農福連携は農産物の出荷が目的ですが、ケアファームは土をいじり、野菜を育てることで障がい者たちの居場所をつくることが目的なのです。私も、農産物の生産や流通だけでなく、地域の人のためにいつかケアファームをやりたいと思っています。

ちょっとしたきっかけで始めた農福連携。障がい者の方々とともに努力や工夫を重ねたことで出荷量を増やすことができ、笠間農園の農業を強く支えてくれています。また、経営面だけでなく障がい者の身体面や精神面、社会面でよい効果があることもわかりました。

目指すは強い農業とケアファームです！

（『現代農業』2022年12月号、2023年1月号〈農文協〉より抜粋）

筆者（2列目左端、45歳）と利用者

農福連携の効果

精神面

1日の睡眠における中途覚醒の違い

農作業の有無で睡眠中に目が覚めてしまう時間（中途覚醒）を比較。障がい者は農作業をすることで約20%覚醒時間が減った。金沢医科大学の田邉望先生によると、ベルソムラという入眠剤を服用して得られる割合と数値として同じであった。健常者も同様に調査したが農作業の効果は見られなかった

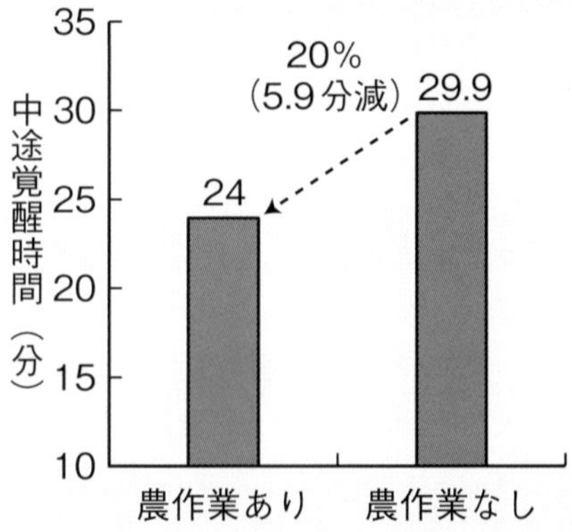

身体面

1日当たりの総活動量（運動量）

農作業日、施設内就労日、休日で歩く程度の運動量以上の活動量（EX）を比較した。1週間あたりの合計が23EX以上なら生活習慣病の予防効果がある。農作業を週2日、施設内就労を週3日、週休2日という生活サイクルを組むと十分基準を満たす

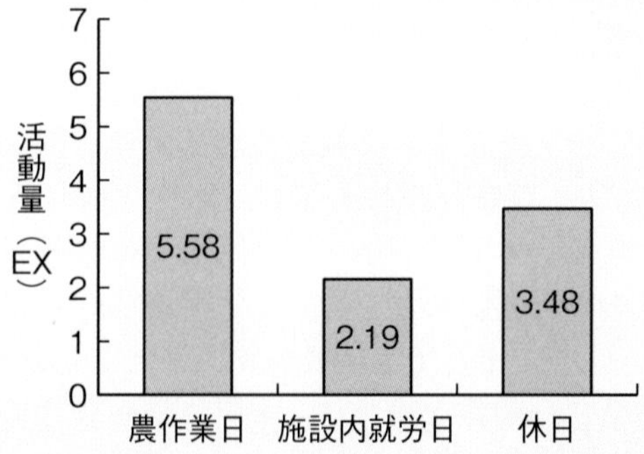

社会面　ホウレンソウの袋詰め作業量の変化

袋詰めをやったことのない健常者と障がい者を対象に、作業に慣れる早さを比較した。健常者のほうが作業の習得が早いが、障がい者も少しずつ習得していき、どちらも学習して右肩上がりで作業量が増えていくことがわかる

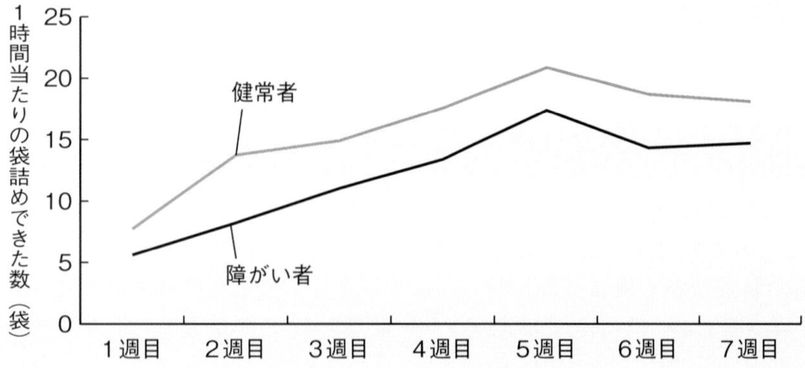

（金沢医科大学との共同研究より）

キャベツ、タマネギ県内最大級の出荷量を支えているのは障がい者の力

中田聡子

農福連携にイチから挑戦

2015年11月に山口農林水産事務所から農福連携に取り組んでもらえないかと提案がありました。山口市が、県の「農福連携就労支援推進事業モデル地域推進協議会」のモデル地域となったためです。何度か会議に参加し、理事会でも協議した結果、法人として福祉施設と契約を交わすことを決めました。

ところが、当法人には福祉施設に関する情報が皆無でした。福祉施設とはどういうところか、どんな方が利用しているのか、どの程度の作業依頼が可能なのかなど、わからないことや知らないことばかりでした。そこで協議会へ参加したり、福祉施設の職員から情報を得たり、実際に福祉施設の職員に作業体験をしてもらい、ようやく契約にたどり着きました。現在は三つの福祉施設事業所と契約を交わしています。

作業の見直しでわかった課題は「力仕事」

福祉施設と契約を結ぶ際、法人内の作業内容の精査も行ないました。どの作物で、どんな作業の負担が大きいかを分析し、さらにその中からどの作業を障がい者の方にお願いしたいかを現場の作業員に聞き取り調査しました。

普通作はアゼ草刈りや水入れの作業時間が多いとわかりましたが、基本的にアゼ草刈りは地主が行なっているため負担はそれほどありません。園芸作はの表のように圧倒的に収穫・調製作業に労働時間を費やしていることがわかりました。また、作業員からも作業依頼の要望が多く集まりました。福祉施設の職員からは「難しいことはできませんが力と体力はあります」と言われていたので、当法人のニーズとぴったりマッチ。最初の作業依頼はキャベツやタマネギの運搬です。

実際に始めてみると、当法人の作業員が最初は障がい者とどう接したらいいかわからず、おどおどしていました。が、何度か一緒に作業をこなしていくうちに自ずと理解と信頼は深まりました。

徐々に依頼する作業が増え、現在では

(1) キャベツ・タマネギの運搬
(2) ほ場や施設内の草取り作業
(3) ムギやダイズの溝切り作業
(4) 水稲のヒエ取り作業
(5) ムギ播種後のカラス除けのライン張りと取り外し作業
(6) タマネギの葉切り・根切り作業

などをお願いしています。

契約をしている就労継続支援Ｂ型の施設には、知的障がい・精神障がい・発達障がいなどの方がいますが、どの方も自分のできる範囲で一生懸命作業されます。タマネギの根切り・葉切り作業を依頼した時は、最初のうちは短く切りすぎたり、根と一緒にタマネギ本体を切ったりして出荷できなくなることもありました。ところが、何度も繰り返し同じ作業を続けてもらうとそうした失敗もなくなり、要領もよくなって作業スピードも速くなっていきました。失敗はじっと待って見守ることが大事だと感じます。

法人内で手が回っていない作業や、体力的な負担が大きすぎる作業を把握することが重要です。そのためにも１年間の作物別の作業内容はきちんと整理することが必要です。福祉施設からも「具体的に請け負う作業が明確にされている点で大変助かっています。作業工程が少なく、単純な作業であるため、当事業所のスタッフの声かけが少なくても作業ができ、障がい者が主体的に取り組めています」と言われています。

また、作業を依頼する際はスムーズに作業が進むよう、必要な農具などをあらかじめ人数分購入しています。たとえば、ヒエ取りを依頼するときは、いろいろなサイズの田靴を30足ほど、溝切りを依頼するときは鍬を30本ほど購入したりします。

表　作業内容別の労働時間比率

作物名	面積(ha)	項目	主作業労働時間比率										
キャベツ	7.1	作業名	移植前作業	移植	移植後作業					収穫・調製・出荷	アゼ草刈り	その他	計
			耕起・ウネ立て		草取り等	防除	追肥	中耕					
		時間（h）	293	342	388	216	25	59		5,097	272	103	6,795
		比率（%）	4.3	5	5.7	3.2	0.4	0.9		75	4	1.5	100
タマネギ	3.1	作業名	移植前作業	移植	移植後作業				掘取収穫	調製出荷	アゼ草刈り	その他	計
			耕起・ウネ立て		罹病株抜取等	防除							
		時間（h）	150	568	232	150			988	3,454	50	69	5,661
		比率（%）	2.6	10	4.1	2.6			17.5	61	0.9	1.2	100
ニンジン	1	作業名	播種前作業	播種	播種後作業					収穫・調製・出荷	アゼ草刈り	その他	計
			耕起・ウネ立て		防除	土寄せ等							
		時間（h）	65	24	36	91				1,358	59	6	1,639
		比率（%）	4	1.5	2.2	5.6				82.9	3.6	0.4	100
その他		作業名	会議等	研修	機械組替等	フォアス洗浄	JGAP	鳥獣対策			アゼ草刈り	その他	計
		時間（h）	804	182	416	189	63	37			221	1,822	3,734
		比率（%）	21.5	4.9	11.1	5.1	1.7	1			5.9	48.8	100

軽微な作業と重労働に分けて作業料を設定

作業料の設定は、参考にできる情報や知識がなかったため苦労した点の一つです。当初は仕事をこなした量などの成果を基準に作業料を設定していました。しかし、1日のうちにほかの細かな作業を依頼することも増え、成果の設定自体も難しかったため、契約開始から1年を待たずに1人当たりの時給を払う方式に変更しました。

また、高齢者でもできるかどうかといった点を主な基準にして、軽微な作業と重労働に分け、それぞれ時給単価を決めています。重労働は、県の最低賃金をなるべく下回らないように金額を設定します。

契約をしている就労継続支援Ｂ型の施設の場合、法人側から誰に来てほしいといった希望はしていません。福祉施設の朝礼で今日はどこでどの作業をしたいかを本人の希望で決めるそうですが、最近はほとんどの方が当法人の作業を希望されるそうで、ほかの作業があってもそちらへの割り振りを考えることが難しくなったといわれるようになりました。

現在、園芸作物の栽培面積はキャベツ約7.3ha、タマネギ約3.5ha、ニンジン約1.3haと１法人での出荷量は県内最大級まで増えましたが、これは農福連携の成果です。最初から100%を求めずに、しっかり指導し、話し合いながら、長い目で関わっていければ、受け入れ側の希望が必ずかなう時が来ると今は思っています。

法人としてスマート農業の取り組み（全自動ドローンの導入、直進アシスト付きトラクタ、田植え機の導入）や新たな担い手としての農大卒業生の雇用も進めていますが、人海戦術でしかできないことが農業には多々あります。そこを補ってくれるのが障がい者の存在です。私たちが知らなかったように、農福連携についてまだ知らない方に、広く知られていけばいいと感じます。

（『現代農業』2023年5月号〈農文協〉より抜粋）

キャベツの収穫作業。コンテナの運搬は重労働だが、障がい者の活躍のおかげで、広い面積もこなせている

ノウフクJAS

正式名称：障がい者が生産行程に携わった食品の日本規格

（平成31年3月29日農林水産省告示第594号）

ノウフクJASとは

ノウフクJASは、障がい者が生産行程に携わった食品の農林規格で「多様であること」に価値を見出しています。

従来の産地や品種、栽培方法を軸とするブランドとは異なり、農福連携商品の背景にある社会的価値がブランドの軸となっているという点に特色があります。

ノウフクJASを取得することにより、障がい者が生産行程に携わった食品の信頼性が高まり、人や社会・環境に配慮した消費行動を望む購買層に訴求することが可能になります。

認証を受けた事業者は、商品に格付の表示（JASマーク）を示すことができます。

規格の概要

- ノウフク生鮮食品において、農林水産物の主要な生産行程に障がい者が携わっていること。また外部からの問い合わせに応じて、障がい者が携わった主要な生産行程を回答できること。
- ノウフク加工品において、使用する原材料にノウフク生鮮食品を少なくとも1種類以上使用すること。またノウフク生鮮食品がほかのものと混ざらないよう区分管理すること。
- 包装・容器等への表示方法として、「ノウフク」という用語を使用すること。など

ノウフクJAS取得の流れ

ノウフクJASの認証を受けるためには、農林水産物の生産行程の中に農福連携の概念を取り入れ、またマニュアルの整備等生産者の管理体制が基準を満たしていること。農林水産物が規格に基づいて生産されていることなどを、認証機関から認められる必要があります。

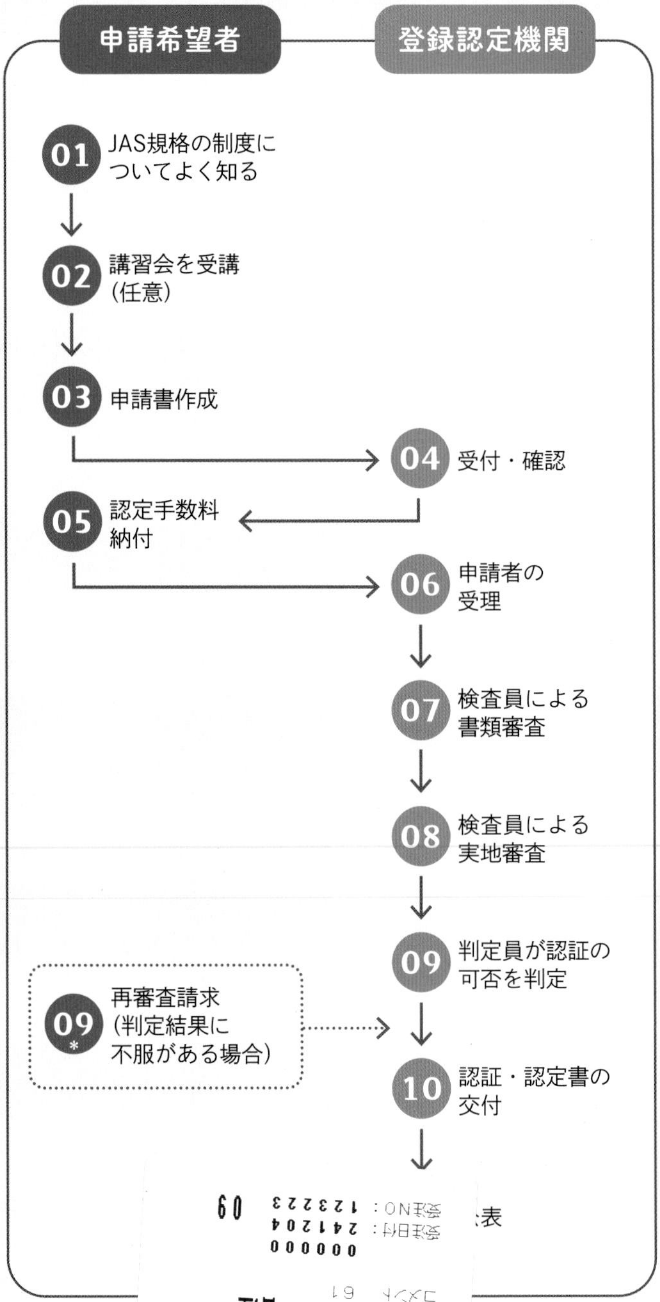

9784540241505
1920061007000
ISBN978-4-540-24150-5
C0061 ¥700E
定価（本体700円＋税）

働きがい
農福連携 事例集
2024年6
発行 （一社）農山漁村文化協会
〒335-0022 埼玉県戸田市上戸田2−2−2
電話048-233-9351（営業）